ESPACIO INC
LOS ASTEROIDES

POR MATT LILLEY

CREATIVE EDUCATION • CREATIVE PAPERBACKS

Publicado por Creative Education
y Creative Paperbacks
P.O. Box 227, Mankato, Minnesota 56002
Creative Education y Creative Paperbacks
son sellos de The Creative Company
www.thecreativecompany.us

Diseño de The Design Lab
Dirección artística de Graham Morgan
Editado por Joe Tischler y Ana Brauer

Fotografías de Dreamstime/Mack2happy, 10; Getty Images/Science Photo Library - VICTOR HABBICK VISIONS, 2, Stocktrek Images, 6, Detlev van Ravenswaay / Science Source, 18; NASA/Unknown, portada, 1, 8, 9, Johns Hopkins APL, 16; Dominio público/Desconocido, 15; Science Source/Detlev van Ravenswaay, 7, MARK GARLICK, 21; Shutterstock/Radoslaw Lecyk, 17; Wikimedia Commons/NASA, 5, 13, Wellcome Images, 14, NASA/Goddard/Universidad de Arizona, 23

Copyright © 2025 Creative Education,
Creative Paperbacks
Derechos de autor internacionales reservados en todos los países. Queda prohibida la reproducción total o parcial de este libro sin la autorización por escrito del editor.

Library of Congress Cataloging-in-Publication Data
Names: Lilley, Matt, author.
Title: Los asteroides / Matt Lilley.
Other titles: Asteroids. Spanish
Description: Mankato, Minnesota : Creative Education and Creative Paperbacks, [2025] | Series: Espacio increíble | Includes index. | Audience: Ages 6–9 | Audience: Grades 2–3 | Summary: "Learn about asteroids, what the celestial bodies are made of, and where they are. Translated into North American Spanish, this astronomy title for elementary-aged kids includes captions, on-page definitions, a space science feature, and an index"— Provided by publisher.
Identifiers: LCCN 2024022763 (print) | LCCN 2024022764 (ebook) | ISBN 9798889895374 (library binding) | ISBN 9781682777305 (paperback) | ISBN 9798889895459 (ebook)
Subjects: LCSH: Asteroids—Juvenile literature.
Classification: LCC QB651.L5518 2025 (print) | LCC QB651 (ebook) | DDC 523.44—dc23/eng/20240617
LC record available at https://lccn.loc.gov/2024022763
LC ebook record available at https://lccn.loc.gov/2024022764

Impreso en China

Índice

Planetas menores	4
El cinturón de asteroides	6
Muchas formas	8
Encontrar Ceres	12
Astrónomos	14
Peligro desde el espacio	18
Asteroides increíbles	20
El espacio en el foco: Visitar un asteroide	22
Índice	24

Vesta tarda 3,63 años en orbitar alrededor del Sol.

Los asteroides son objetos rocosos en el espacio. **Orbitan** alrededor del Sol. También se llaman "planetas menores." El mayor asteroide conocido es Vesta. Mide unos 529 kilómetros (329 millas) de diámetro.

orbitar moverse en una trayectoria alrededor de un objeto

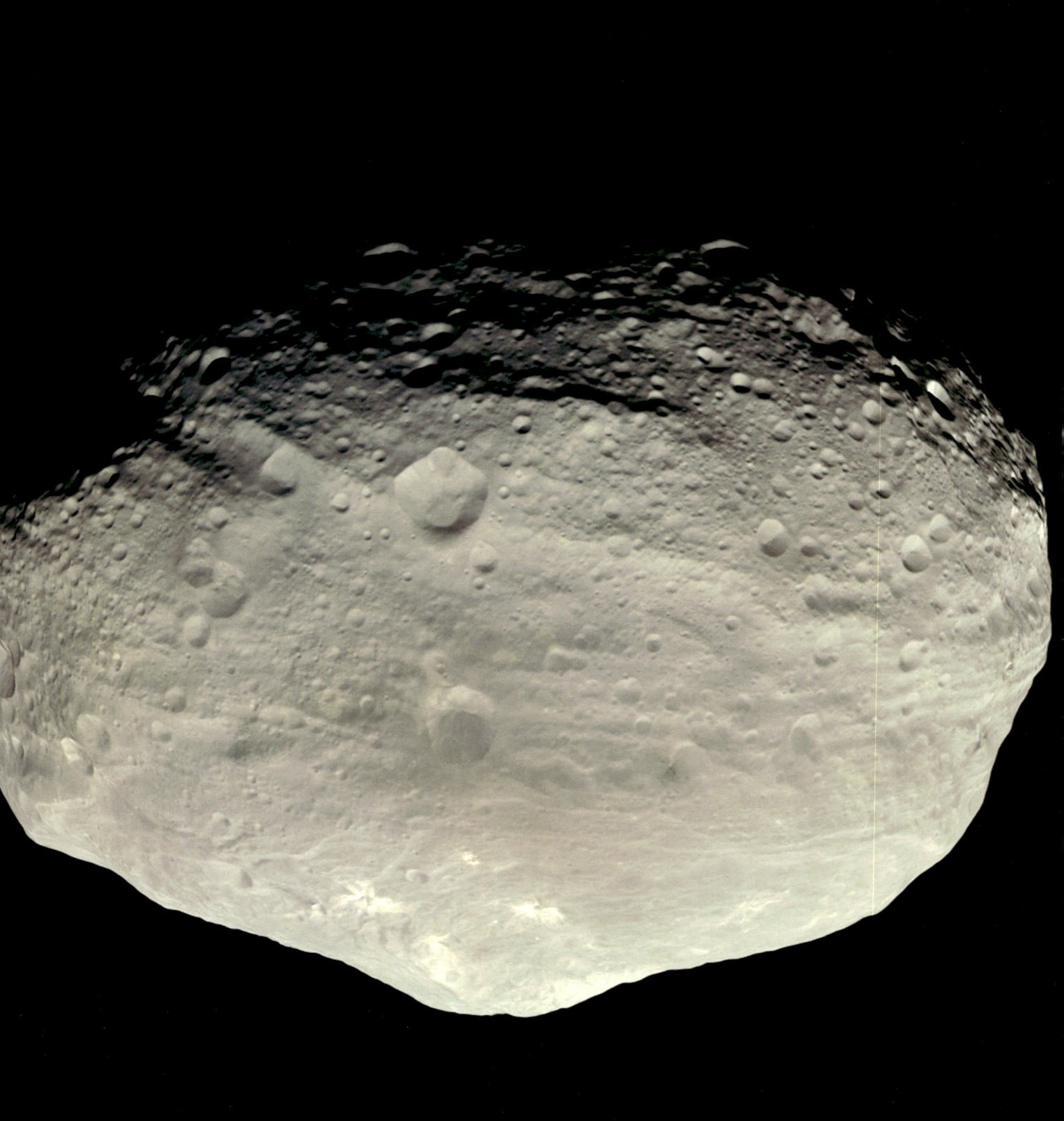

Los científicos creen que el asteroide Psique es el núcleo de un planeta que estaba en formación.

La mayoría de los asteroides están en el cinturón de asteroides. Este se encuentra entre Marte y Júpiter. La gravedad de Júpiter impide que los asteroides se junten. El cinturón de asteroides se encuentra en el mismo plano que los planetas.

plano una superficie plana o nivelada

La palabra asteroide significa "parecido a una estrella" o "con forma de estrella". A la izquierda, asteroide Psique.

Los asteroides

tienen muchas formas y tamaños. Algunos son redondos. Otros tienen forma de cacahuete. Muchos asteroides tienen cráteres. Algunos son rocas sólidas. Otros son montones sueltos de escombros.

escombros pedazos sueltos de roca

Dos asteroides que orbitan uno alrededor del otro se llaman asteroides binarios.

Algunos asteroides tienen diferentes capas en su interior. Pueden tener núcleos metálicos. Pueden tener corteza volcánica en el exterior. Unos pocos asteroides tienen agua en su superficie.

superficie la parte exterior de algo

En 1801, Giuseppe Piazzi estaba trazando mapas de estrellas. Utilizó un telescopio. Creyó que había encontrado una nueva estrella. La observó durante varias noches. Cada noche se movía. Así supo que era diferente. Resultó ser Ceres.

Ceres solía llamarse asteroide. Ahora los científicos dicen que es un planeta enano. A la derecha, una comparación del tamaño de la Tierra, la Luna y Ceres.

13

LOS ASTEROIDES

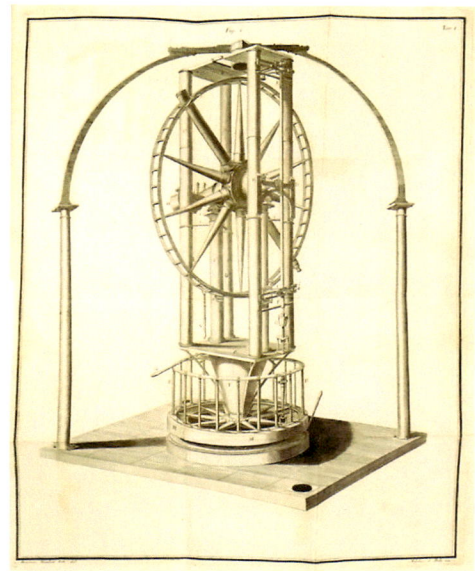

El telescopio de Piazzi

Piazzi era astrónomo. Los astrónomos utilizan telescopios para ver objetos en el espacio. Observan los cielos por la noche. Estudian cómo funciona el universo.

La gente pensó una vez que la Tierra estaba en el centro del universo. Los astrónomos demostraron que eso estaba equivocado.

A los astrónomos se les dan bien las matemáticas. Utilizan fórmulas para comprender cómo se mueven los objetos en el espacio. Intentan comprender cómo se formó el sistema solar. Pueden predecir hacia dónde irán las cosas en el futuro.

En 2018, algo procedente de otra estrella atravesó el sistema solar. Los astrónomos le dieron el nombre de 'Oumuamua.

LOS ASTEROIDES

Un asteroide que se estrella contra la Tierra se llama meteorito. La mayoría son pequeños. Un meteorito grande puede causar destrucción. Los científicos creen que uno mató a los dinosaurios hace 66 millones de años.

Los meteoritos de gran tamaño pueden crear cráteres en la Tierra.

Los asteroides se formaron con el sistema solar. Tienen unos 4.600 millones de años. Son como cápsulas del tiempo. Nos dicen cómo era antes. Los asteroides pueden enseñarnos la historia de los planetas.

El sistema solar se formó a partir de una nube gigante de polvo y gas.

21

LOS ASTEROIDES

El espacio en el foco: Visitar un asteroide

La nave espacial OSIRIS-REx de la NASA visitó el asteroide Bennu. Trazó un mapa de la superficie del asteroide. Recogió una muestra y luego voló de regreso a la Tierra. La NASA descubrió que la muestra contenía carbono y agua. Toda vida necesita estas cosas para vivir. Los científicos creen que el carbono y el agua de la Tierra podrían proceder de asteroides que chocaron contra el planeta.

Índice

agua, 11, 22
astrónomos, 15, 16
Bennu, 22
Ceres, 12
cinturón de asteroides, 7
Júpiter, 7

Piazzi, Giuseppe, 12, 14
planetas, 4, 7, 20
sistema solar, 16, 20
Tierra, 12, 15, 19, 22
Vesta, 4